KB244884

셀프 헤어 스타일링

Self Hair Styling

단발머리 대통령 묘정의

셀프 헤어 스타일링

김묘정 지음

CYPRESS
싸이프레스

나는 단발머리 대통령이다

아직 성공을 논할 때는 아니지만 적어도 제가 하는
일에 대해서만큼은 누구에게도 뒤지지 않는다고
생각합니다. 단발머리를 좋아하고, 단발머리를 사랑하는
미용인으로서 '단발머리 대통령'이란 타이틀로
인정받기까지의 저의 스토리를 이야기하려 합니다.

가정환경이 넉넉하지 않아 사회에 발을 좀 일찍 내딛게
되었습니다. 중학생이 되면서 무작정 돈을 벌어야겠다는
생각으로 고깃집, 초밥집, 카페, 주유소, 패스트푸드점
아르바이트와 우유배달, 신문배달, 전단지돌리기,
피팅모델 등 안 해본 일이 없을 정도로 정신없이 10대
시절을 보냈습니다. 게다가 저를 키워주시던 할아버지가
돌아가시고 부모님과도 더 이상 함께 할 수 없는
상황이 생겼습니다. 어린 10대가 견뎌내기엔 벅찬 일의
연속이었지요. 그래도 살기 위해 돈을 열심히 벌려고
닥치는 대로 아르바이트를 했습니다. 너무 힘들게 살던
그 당시 제가 일하던 한 주유소 사장님께서 이런 말씀을
해주셨습니다.
"묘정아, 돈이 있어야 힘도 있는 법이지만 돈이 전부는
아니야. 꿈이 있고 그 꿈을 이뤄야 행복해질 수 있어.
나는 꿈이 없어서 돈만 좇다보니 행복하지는 않네."
그때부터였습니다. 내 꿈이 궁금해지기 시작한 것이.

궁금증은 우연한 기회에 풀렸습니다. 10대 때부터

어른이 되면 좀 더 안정적인 일을 하고 싶다는 생각을
하던 중에 지인의 소개로 17살에 처음으로 미용실에서
아르바이트를 시작하게 됐습니다. 미용실 아르바이트는
생각보다 간단했습니다. 그렇다고 미용이 쉽다는
건 아니지만 그동안 해왔던 아르바이트들에 비하면
할만했습니다. 추운 곳에서 일하지 않아도 됐고,
음식물쓰레기를 처리하느라 냄새를 참지 않아도 됐으며,
불판을 닦느라 손이 시리거나 잠도 못자고 새벽부터
일어나야 할 정도는 아니었으니까요. 겨울엔 따듯했고
여름엔 시원했으며 끼니때가 되면 밥을 챙겨먹을 수
있다는 것만으로도 감사했습니다. 그리고 시간이 날
때마다 헤어디자이너들을 바로 옆에서 제대로 바라보기
시작하면서 제 꿈의 종착지가 헤어디자이너라는 생각을
굳히게 되었습니다. 그렇게 헤어디자이너는 제 인생의
목표가 되었습니다.

미용이란 바탕 위에서 최고를 꿈꾸며 최고가 되기
위해 악착같이 앞만 보고 달리기 시작했습니다. 처음
미용을 시작했을 때 한 달에 40만 원의 월급을 받으며
인턴생활을 시작했고, 트레이닝복 두 벌과 유니폼
한 벌로 견뎌냈습니다. 월급으로 월세도 내야 했고,
생활에 필요한 모든 비용을 지불해야 했습니다. 사실 그
돈만으론 부족해서 밤낮을 가리지 않고 아르바이트를
다시 해야 했습니다. 새벽에는 패스트푸드점에서,

my·

LOVE MY.O?
my.o story

낮에는 미용실에서, 밤에는 호프집에서 일하느라 하루에
2시간 이상 자본 적이 없었습니다. 그렇게 번 돈으로
생활비를 충당하고 남는 돈으로는 가발을 샀습니다.
그 시절 가발 한 통이 저에게는 꿈이고 미래였습니다.

미용실에서 아르바이트를 하며 어깨너머로 보던 것들이
제가 인턴생활을 시작했을 때 많은 도움이 됐습니다.
빠른 시간에 헤어디자이너가 되기 위해 하루 2시간도
채 못자면서 정말 많은 노력을 했습니다. 인턴생활을 할
땐 일이 끝나면 친구들을 불러 머리를 해주고 사진도
찍어주던 중에 문득 성형외과 광고를 보고 고객들의
헤어스타일도 전과 후를 촬영해 비교하면 어떨까 하고
생각하게 됐습니다. 그렇게 해서 많은 미용인들의
비포&애프터 헤어 사진이 올라왔고 그때부터 남들과는
다른 무언가 저의 무기가 필요했기에 '숨길 수 있는
앞머리시스루뱅'이라는 영상도 촬영을 했습니다. 그
영상이 단발머리 대통령으로서의 첫걸음이었습니다.
하지만 헤어디자이너로 가는 길은 녹록하지 않았고
3개월마다 포기하고 싶은 순간이 찾아왔습니다. 그래도
그때마다 인내심과 끈기를 가지고 무조건 열심히
했습니다. 그것들이 제가 가진 유일한 무기였으니까요.
가끔 저를 아는 분들이 물어옵니다. 어떻게 힘든
시간들을 견뎌왔는지…….
그때마다 대답합니다. 더 이상 물러나거나 숨을 곳도
없었고 무엇보다 돌아갈 수 있는 곳이 없었기에 그냥
견디고 또 견뎠다고 말입니다.

미용은 저에게 많은 선물을 주었습니다. 그중 가장 큰
선물은 저를 사랑하는 법을 알게 해준 것입니다. 어린
시절부터 돈 버는 것에만 급급했기에 저 아닌 다른
사람의 눈치를 많이 보고 제 감정보다는 상대방의
감정을 더 중요하게 생각했었습니다. 저에겐 사춘기도

없었던 것 같습니다. 사람들에게 늘 착한 묘정이,
예의바른 묘정이, 열심히 사는 묘정이었습니다. 그게
저에게 독이 될 줄도 모른 채 말이죠.
그런데 미용을 하면서 새로운 인연을 만나고 간접적으로
다른 사람의 인생을 경험하면서 저를 위한 삶이
무엇인지 생각할 수 있었던 것 같아요. 제가 누구인지,
제가 원하는 삶이 무엇인지, 어떤 성향의 사람인지
궁금해졌고 답을 조금씩 찾아가기 시작했습니다.
여전히 온전한 제 삶을 찾았다고는 말할 수 없지만
지금의 삶 속에서 상처도 받고 깨달음도 얻으면서
단단해져가고 있는 듯합니다.
미용은 지금 제게 무엇과도 바꿀 수 없는 소중한
일이 되었습니다. 그리고 지금까지 살면서 가장 잘한
선택이기도 하고요.
아직 성공했다거나 꿈을 이뤘다라고 말하기엔 많이
부족하지만 제 이름을 내건 헤어숍 〈마이오헤어〉를
생각하면 가슴이 벅차 오릅니다. 헤어디자이너를
꿈꾸며 10대를 마무리할 때 서른이 되기 전에 꼭 제
이름을 건 헤어숍을 차리자며 마음을 다잡았었는데,
정말 해냈어요. 아무것도 가진 것이 없었던 제가
스스로 무엇인가를 이루었다는 것만으로도 감사한
일이었습니다. 17살에 멋모르고 시작해서 19살에
블로그를 시작했고, 20살에 헤어디자이너로의 첫걸음을
뗀 게 엊그제 같은데 말이에요. 아무리 늦은 시간에 일이
끝나더라도 블로그만큼은 꼭 챙기며 댓글을 확인하고,
새로운 글을 업데이트하고, 제 블로그에 방문해준 많은
사람들과 소통하면서 제 꿈과 더불어 실력도 키워
갔었습니다. 미용을 배우면서 앞만 보며 달렸습니다.

저는 늘 미용에 미쳐있는 사람이었습니다. 아침에
눈을 떠 잠자리에 들기 전까지 하루종일 미용만
생각했습니다. 고객들에게 항상 최선을 다했고, 헤어

my·o
my·o story
L'OREAL
PROFESSIONNEL
PARIS

시술에 대한 결과물이 좋으면 함께 기뻐했으며 좋지 않으면 고객보다 더 슬퍼하기도 했습니다. 좀 더 많은 사람들에게 어울리는 헤어스타일을 선사하기 위해 노력을 아끼지 않았습니다. 파워블로거가 되기 위해 글쓰기 학원을 다녔고, 많은 사람들 앞에서 큰 소리로 자신감 있게 말하기 위해 웅변학원도 다녔습니다. 그리고 컬러감을 잊지 않기 위해 그림도 그렸고, 다양한 분야의 사람들과의 소통을 위해 책도 많이 읽었습니다. 항상 배움에 대한 부족함이 있었기에, 좀 더 체계적으로 견문을 넓히는 것이 전문 미용인으로 거듭나기 위한 발판을 마련하는 것이라고 생각하고 건국대학교 학점은행제 미용과에 입학을 했습니다. 결혼과 육아로 학업이 잠시 미뤄지긴 했지만 포기하지 않고 앞을 향해 꾸준히 노력하고자 합니다. 제가 맡았던 고객, 맡지 않았던 고객 구분할 것 없이 인사하고 소통하면서 최선을 다했고 그 결과, '헤어디자이너 묘정'이란 이름이 조금씩 알려지기 시작했고 이제는 〈마이오헤어〉 숍의 원장으로서 더 큰길로 또 나아가기 위해 노력하고 있습니다. 마이오의 네이밍은 제 이름의 첫 글자 '묘'의 영문명 'myo'에서 따왔습니다. 인생의 수많은 순간을 점으로 표현해 'my.o'로 표현했는데 이건 '나의 가치는 영원하다'란 저의 강한 염원이 담긴 표현이기도 합니다. 말 그대로 영원히 헤어디자이너로서 많은 이들에게 기억되고자 합니다.

그리고 제 인생의 가장 큰 선물인 저를 꼭 닮은 새아. 생각만 해도 너무도 벅찬 제 딸이랍니다. 옆에 있기만 해도 좋고, 그저 바라만 보고 있어도 좋은 건 역시나 저도 고슴도치맘이라 그런 거겠지요. 그렇지만 엄마라면 다들 제 말에 공감해주시지 않을까 합니다.

마이오헤어 숍을 오픈하면서 새아와 떨어져 있는 시간이 많아진 만큼 함께 하는 시간의 소중함을 새삼 느끼는 중이랍니다. 바쁘다는 핑계로 잘 챙겨주지도, 잘 보살펴주지도 못하는 엄마인데도 절 잘 따라줘서 새아에겐 항상 고맙고 미안함이 앞서네요. 어떻게 하는 게 새아를 위한 일인지 아직은 잘 모르고 배워가는 과정이지만 제가 헤어디자이너의 꿈을 이루기 위해 노력했던 것처럼 새아를 위해서도 다 해줄 수 있는 엄마가 되기 위해 꾸준히 노력할 겁니다. 제가 열심히 살아가는 이유, 제 인생의 보물, 제게 영원한 1순위 새아에게 훗날 자랑스럽게 엄마가 얼마나 멋진 사람인지 들려주고픈 꿈이 또 하나 생겼거든요.

사람이 꿈을 좇아야 행복하다고 제게 조언을 아끼지 않으며 저를 정말 아껴주시고 저의 행복을 진심으로 기도해주셨던 주변 분들에게 정말 감사드립니다. 그 말씀대로 부지런히 꿈을 이루기 위해 노력했습니다. 그리고 꿈꿔왔던 현실에 조금 가까워진 현재를 지키기 위해 전 계속 노력할 겁니다. 지금처럼 많은 조언과 격려 부탁드릴게요. 감사합니다.

– 김묘정

CONTENTS

Hair Sty
Hair Styling
Ready
my o

단발머리 스타일링
READY

★ ★ ★

단발머리 셀프 스타일링에 필요한 도구들

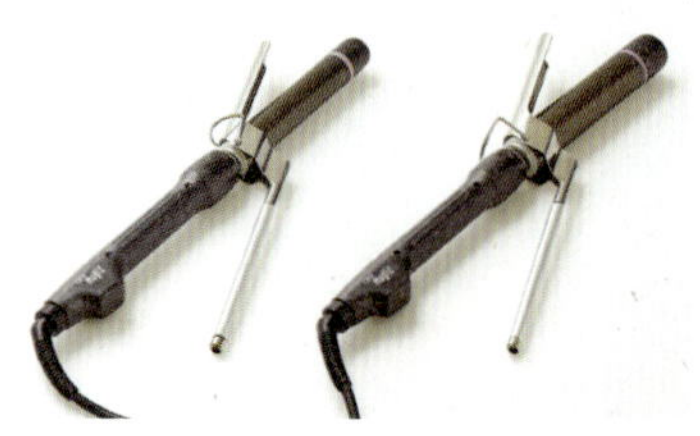

아이롱기(25mm, 30mm)

봉에 적당량의 모발을 감싸 일정한 열을 가함으로써 웨이브나 컬을 만드는 기구입니다. 매직기와는 다른 느낌의 웨이브 컬을 넣을 수 있고, 25mm, 30mm, 34mm 등 크기에 따라 컬의 굵기를 결정할 수 있어요. 하지만 초보자들이 처음 사용할 때는 컬의 방향에 따라 느낌이 달라지므로 사용이 어려울 수 있지만 한번 습득해 놓으면 편하게 스타일링을 할 수 있답니다.

볼륨매직기

매직기와는 다르게 한 면이 움푹 패여 있기 때문에 일반인들이 처음 사용하기에 어려울 수 있어요. 판의 넓이가 일반 매직기보다 작기 때문에 긴 머리보다는 단발머리에 적합해요. 앞머리를 스타일링하기에 좋은 미용기기랍니다.

판매직기

일반적으로 많이 사용하는 기기로 대중적인만큼 편하게 사용할 수 있답니다. 짧은 단발머리부터 긴 머리 등 머리카락 길이에 상관없이 사용이 가능해요. 특히 곱슬머리를 피거나 C컬이나 아웃컬, 물결웨이브 등의 스타일링을 하기에 유용해요.

다이렉트기

모발 전체에 볼륨을 줄 때 사용하는 기구로 폭탄머리, 일명 나이아가라헤어를 스타일링할 때 사용해요. 다이렉트기를 머리카락의 뿌리 쪽에 사용하면 머리숱이 없거나 축 늘어진 머릿결에 볼륨감을 살릴 수 있답니다.

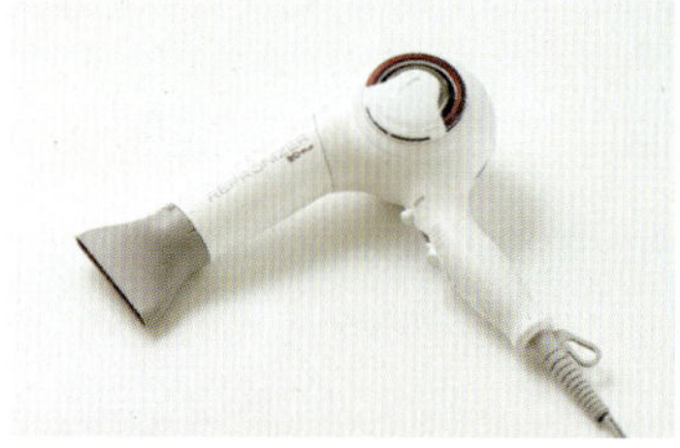

드라이기

머리를 감은 후 머리카락을 말릴 때 사용하는 기기예요. 기기에 따라 약풍, 중풍, 강풍 등 바람의 세기가 나뉘어 있으며 뜨거운 바람과 찬바람 두 가지 형태로 나와요. 머리를 빨리 말리거나 열펌을 했을 경우에 사용하지요. 머리를 세팅하고 고정시킬 때는 뜨거운 바람을 사용하는 게 좋고, 두피의 상태가 좋지 않거나 일반펌(할머니파마) 등을 시술했을 때는 자연건조 상태를 유지하는 것이 좋으므로 찬바람으로 말려주는 게 좋답니다.

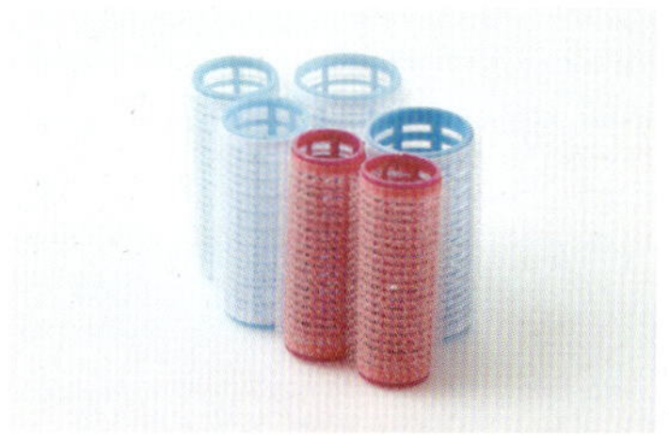

헤어롤러

일명 '찍찍이'라는 벨크로가 롤 표면에 달려 있어 클립 같은 기구가 없어도 모발에 달라붙어 고정되는 헤어 도구로 '그루프'라고 많이 불리죠. 뿌리 볼륨을 살리거나 앞머리 볼륨을 살려 스타일링할 때 많이 사용하는데 열을 가하지 않기 때문에 언제 어디서든 편하게 사용할 수 있어요. 또 젖은 모발과 마른 모발 어디에도 사용 가능하지만 젖은 모발에 사용할 때에는 헤어롤러를 말아둔 채로 머리카락이 다 마를 때까지 기다렸다가 풀어야 컬을 유지할 수 있답니다.

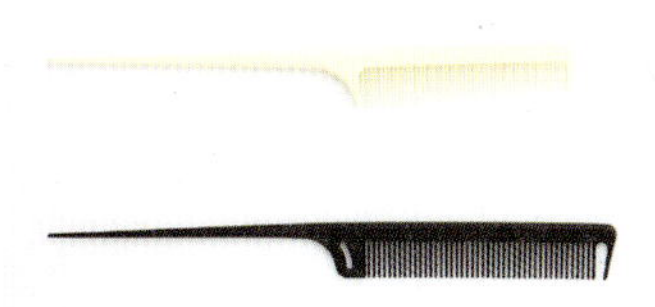

꼬리빗

헤어 스타일링을 하기 위한 가장 기본적인 도구로 머리카락을 빗거나 묶을 때, 앞머리를 정리할 때, 고데기 등 시술하기 전에 빗질을 할 때, 빽콤*을 넣을 때 주로 사용합니다. 꼬리빗은 스타일링을 하기 전 빗질을 할 때 사용하는 만큼 정전기발생을 방지해주는 카본 재질로 구성된 제품을 사용하는 것이 좋습니다.

쿠션브러시

엉킨 머리카락을 손질하기 편리한 도구로 빗질을 하는 것만으로도 먼지와 비듬을 털어내고 두피에 자극을 주어 혈액순환을 돕습니다. 붙임머리에도 사용가능하며 샴푸 전에 전체적으로 브러시로 빗어주면 탈모방지와 모발이 끊어지는 것을 막을 수 있습니다.

롤브러시

원통 모양의 손잡이가 달려 있는 롤빗으로 뿌리볼륨을 살리거나 모발의 결을 정리하며 컬을 만들 때 사용합니다.

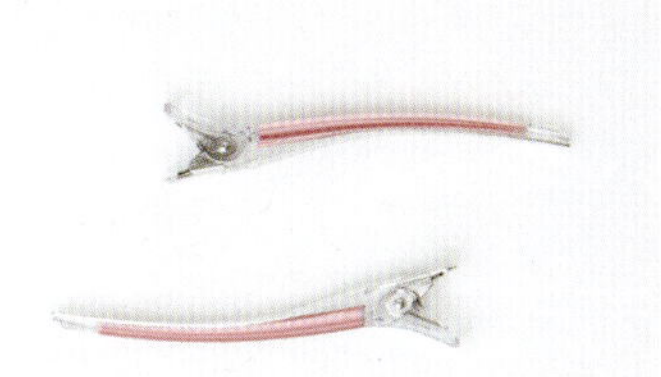

핀셋

헤어 스타일링을 할 때는 기본적으로 모발의 섹션을 나누어야 하는데 이때 사용하는 도구입니다.

핀컬핀

헤어 스타일링을 한 후 앞머리나 옆머리 등을 고정할 때 사용하는 것으로 핀셋보다 크기가 작은 핀입니다.

에센스

머리를 감은 직후나 스타일링을 위해 도구를 사용하기 전에 머리카락 보호를 위해 바르는 모발영양제입니다. 에센스는 머리카락에 윤기를 부여하며 정전기를 방지하는 데도 좋습니다.

컬크림

웨이브펌이나 고데기 등으로 스타일링 한 후에 잔머리 등을 정리해주며, 컬을 좀 더 또렷하게 만들기 위해 사용합니다.

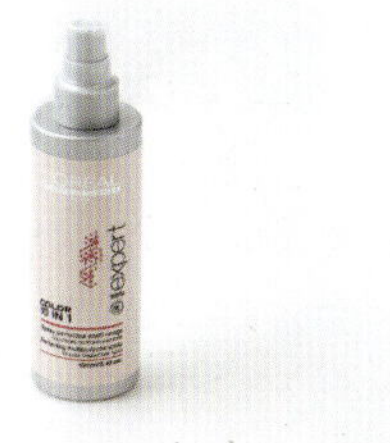

스프레이

모발을 스타일링 한 후에 고정시키기 위해 사용하는 제품입니다. 잔머리를 정리할 때 유용하답니다. 스프레이를 뿌릴 때는 두피에서 15~20cm 떨어진 상태에서 사용하세요.

왁스

남성들이 헤어 스타일링 후 사용하는 제품으로 머리를 고정시킬 때 스프레이 전 단계에서 사용합니다. 손에 적당량 묻힌 후에 모발 전체에 발라주면 끝이에요.

단발머리의 기본 I 가르마 타기

5:5 (가운데 정가르마)

캐주얼하고 어려보이는 헤어스타일을 연출할 때 추천하는 스타일이에요.
특히 긴 얼굴형에 애교머리를 내어 5:5가르마를 타면 예쁘게 스타일을 완성할 수 있어요.

1

꼬리빗으로 모발을 빗어 잘 정돈합니다.

2

이마 정 가운데부터 꼬리빗의 꼬리 끝부분
으로 모발을 양 갈래로 나눕니다.

3

가르마의 라인을 일자로 가르지 않고 지그
재그모양으로 라인을 정리합니다.

tip 지그재그로 라인으로 가르마를 타면 자연스
러워 보여요.

4

가르마를 타고 나서 양쪽 모발을 빗으로
정리해주면 가르마가 완성됩니다.

3:7

여성스럽고 세련된 느낌으로 아나운서나 승무원처럼 단아하고 깔끔한 인상을 줄 때 추천하는 스타일이에요.
일반적으로 역삼각형 얼굴형인 경우에 가르마를 조금 많이 타서 머리 위쪽에 볼륨을 넣어주면
각진 두상(양쪽으로 튀어나온 두상)을 커버해줄 수 있지요.

가르마를 타기 전 눈으로 이마를 중심으로 7:3 비율을 확인하고 꼬리빗을 사용해 모발을 양쪽으로 넘겨줍니다.	꼬리빗의 꼬리 쪽으로 가르마 라인을 만들어줍니다.	가르마 라인을 따라 머릿결을 정돈해주면 7:3 가르마가 완성됩니다.

6:4

3:7 가르마보다는 덜 탄 가르마로써 5:5 스타일이 부담스러울 때 사용해주면 좋아요.
드라마나 영화에서 여배우들이 단발머리, 긴 머리 가리지 않고 청순함을 강조할 때 많이 사용하는 가르마랍니다.

가르마를 타기 전 꼬리빗으로 빗어 넘기며 머릿결을 잘 정돈합니다.	이마 정 가운데를 중심으로 6:4로 가르마 라인을 잡아 모발을 양쪽으로 빗어 넘깁니다.	가르마 라인을 따라 모발을 정리하며 빗어 넘기면 완성됩니다.

단발머리의 기본 II 뿌리 볼륨 살리기

드라이기

먼저 드라이기로 뿌리를 살리려는 반대방향으로 머리를 말려요. 그런 다음 살리고 싶은 뿌리부터 모발을 손으로 들어 올려 드라이기로 말려요. 모발이 어느 정도 마르고 나서 빗을 모발에 대고 인위적으로 자국을 내며 열드라이를 하면 됩니다.

다이렉트기

다이렉트기를 모발 안쪽에 사용해 볼륨감을 줄 수 있어요. 먼저 뿌리를 살리고 싶은 곳에 섹션을 뜬 후 다이렉트기를 뿌리 가까이에 넣고
한 번 집어주세요. 다이렉트기를 모발에서 떼어 내고 손으로 잡고 열기를 식힌 후 다시 한번 다이렉트기로 집어준 다음 섹션을 떠서 집게
로 집어 두었던 위쪽 모발을 내리면 됩니다.

tip 모발 위쪽 뚜껑머리까지 다이렉트기를 사용하면 절대 안 돼요.

1

2

3

4

5

판매직기

원하는 가르마를 타고 나서 뿌리를 살리고 싶은 곳에 섹션을 떠 주세요. 그런 다음 판매직기를 뿌리 쪽부터 세워서 대며 모발에 볼륨을 넣어주세요. 원하는 만큼 볼륨이 살았는지 확인하면서 사용하시면 됩니다.

tip 판매직기로 볼륨을 넣을 때는 꼭 판매직기를 세워서 사용해주세요.

얼굴형에 따른 강력 추천 단발머리

달걀형

얼굴형이 기본적으로 예쁜 형이기 때문에 갸름한 달걀형의 얼굴은 단발머리뿐만 아니라 긴 머리, 레이어드, 숏컷 등 어떤 스타일을 하더라도 다 잘 어울려요.

각진형

각진 얼굴형은 긴 생머리나 앞머리가 없는 일자 단발은 얼굴형 보안이 안 되므로 피하는 게 좋아요. 애교머리나 앞머리를 잘라 조금 더 부드럽고 갸름한 스타일을 연출하는 것을 추천해요. 시스루뱅 앞머리로 스타일을 잡아주고 뒷머리에 층을 낸 조금 가벼운 스타일의 단발머리가 잘 어울려요.

긴형

긴 얼굴형은 머리가 짧을수록 옆머리의 볼륨이 잘 살기 때문에 숏컷처럼 짧은 스타일이 좋아요. 이마가 넓은 긴 얼굴형에는 앞머리를 자르는 게 좋고, 이마가 좁고 코가 긴 얼굴형은 애교머리를 잘라주거나 가르마를 바꿔서 얼굴형을 보완해주면 얼굴이 훨씬 작아 보인답니다. 일자 단발머리처럼 원랭스*스타일은 피하는 게 좋아요.

*원랭스: 머리카락을 자를 때 층이 없는 일자머리 스타일을 말해요.

둥근형

둥근 얼굴형은 옆 광대가 튀어나와 보이는 경우가 많으므로 5:5스타일로 애교머리를 내준다거나 칼단발처럼 앞쪽이 긴 단발 스타일을 해주는 게 좋아요. 그리고 레이어드 스타일로 얼굴 소멸컷같이 가벼운 스타일을 해주는 것이 좋답니다.

광대형

애교머리를 내거나 시스루 앞머리를 내는 것이 잘 어울리며 얼굴형 보완에도 도움이 됩니다. 특히 숏컷 단발 스타일이나 긴 머리 레이어드컷 스타일이 좋아요. 하지만 이마가 좁은 광대형이라면 앞머리를 내는 것은 피하는 것이 좋답니다.

Q&A
묘정쌤에게 묻는다
- 고객들이 자주 묻는 케어 및 스타일링 질문 베스트4

Q 단발머리를 유지하기 위해서는 어느 정도 기간을 둬야 할까요?

A 평균적으로 스타일 유지를 위해서 한 달에 한 번씩 손질하는 게 좋아요. 사람의 머리카락은 옆머리보다 뒷머리가 더 아랫부분까지 자라기 때문에 조금만 자라도 지저분해보인다거나 스타일에 대한 지적을 당하는 경우가 많아요. 특히 원랭스 스타일은 조금만 머리카락이 자라도 무거워 보이는 스타일이기 때문에 얼굴형에 맞는 단발 스타일이 중요합니다. 단발 스타일을 꾸준히 관리하는 사람들은 3주에 한 번씩 머리카락을 자르는 경우도 많이 있답니다. 보통 머리카락이 빨리 자라지 않는 사람들도 단발머리로 스타일링 했을 때 처음 컷을 할 때 대부분 턱선까지 자른 다음, 두 달에 한 번씩 관리해준답니다.

Q 단발머리 펌의 유지기간은 어느 정도 일까요?

A 단발머리 펌의 경우엔 3개월에 한 번이 적당합니다. 어떤 컬을 얼마나 넣느냐에 따라서도 달라지지만 보통 첫 달에 펌을 하고 다음 달에 컷을 한 번 더 할 때까지는 컬 감이 살아 있지만 그다음 달쯤에는 보통 머리카락을 자르며 아랫부분에 있던 컬이 잘려나가므로 펌을 새로 해주는 것이 좋아요. 펌을 자주 하면 머리카락의 손상을 염려하는 경우도 있는데, 단발머리의 경우에는 모발의 길이가 짧고 아랫부분에만 컬이 들어가는 경우가 많아서 펌을 자주 하더라도 모발 손상이 비교적 적답니다.

Q 찰랑거리는 머릿결을 유지할 수 있는 손쉬운 관리법에는 어떤 것에 있을까요?

A 집에서 손쉽게 관리할 수 있는 방법이 있어요. 시중에서 쉽게 구매가능한 단백질 샴푸나 헤어팩을 사용하면 간단하게 케어 할 수 있는데, 제품을 머리카락에 바른 후 5~10분 정도 방치해주면 효과를 볼 수 있답니다. 일반적으로 머리카락 끝부분까지는 영양분이 미치지 않기 때문에 긴 머리일수록 관리를 해주지 않으면 머릿결이 많이 상할 수 있어요. 평상시에 머리를 감거나 스타일링할 때 에센스를 바르거나 꾸준하게 빗질을 해주는 것만으로도 머릿결을 관리할 수 있답니다.

Q 염색 주기에 대해 알려주세요.

A 염색은 머리카락의 상태 등에 따라 그 기간이 다른데 일반적으로 전체 염색은 3개월에 한 번, 뿌리염색은 한 달에 한 번이 적당하답니다. 탈색을 한 경우에는 3주 간격으로 머리카락 염색을 해야 해요. 모발에 원하는 색상을 예쁘게 입히기 위해 탈색을 하기도 하는데 탈색을 하면 원하는 색상을 제대로 예쁘게 낼 수는 있지만 다공성 모발로 그 성질이 변하면서 손상되기 때문에 그 색상을 오랫동안 유지할 수 없게 된답니다. 일반적으로 모발을 염색했을 때 처음 컬러를 입히면 염색컬러보다 덜 선명한 색이지만 모발의 손상 정도가 탈색했을 때보다는 약해서 컬러를 2~3개월 정도 유지할 수 있답니다. 3개월 정도 지나면 염색 색상이 다 빠져나가면서 노란구릿빛으로 변해 예쁘지 않은 상태가 된답니다.

Self Care 01 머릿결 상하지 않는 머리 감기

샴푸 선택하기

샴푸를 선택할 때에는 자신의 모발과 두피의 상태에 따라 정해야 합니다. 모발이 푸석한 사람은 모발에 영양분을 줄 수 있는 단백질 샴푸를 선택하고, 탈모가 있는 사람들은 탈모 샴푸, 두피에 비듬이 많은 사람은 각질 샴푸 등을 선택 사용하는 것이 좋아요.

머리 잘 감기

머리를 감을 때는 머리카락과 두피를 충분히 적신 후 선택한 샴푸를 손에서 살짝 거품을 낸 후에 두피에 전체적으로 바르면 돼요. 샴푸는 모발보단 두피 위주로 하며 충분히 마사지한 후 헹구면 되는데 이때 물의 온도는 너무 뜨겁거나 차가운 물을 사용하면 모발에 손상을 줄 수 있으므로 따뜻한 물이 좋답니다.

머리 감기

1 머리를 감기 전 먼저 빗질을 해주세요.
tip 모발은 물에 닿으면 늘어나기 때문에 젖은 상태에서 빗질을 하면 모발에 손상을 줍니다.
2 머리카락과 두피를 충분히 물을 적신 후에 손바닥에 샴푸를 적당량 펌프한 후 손에서 거품을 살짝 낸 후에 두피에 골고루 묻히세요.
3 샴푸할 때 감아야 할 우선순위를 정해 두피의 정수리 부분부터 적게는 5군데, 많게는 9군데 정도로 나눠 순서대로 샴푸하세요. 정수리 쪽이 오염이 가장 심하므로 손톱 밑에 살로 비비면서 마사지하듯 감아야 하는데, 이때 손톱으로 직접 자극을 주지 않도록 조심해야 하며 샴푸가 끝나면 충분히 헹궈야 한답니다.
4 샴푸의 비눗물을 완벽하게 헹군 다음, 트리트먼트를 모발 전체에 바른 후 3~5분 정도 방치 후 헹굽니다. 트리트먼트는 바를 때 두피에 직접 닿지 않게 하는 것이 좋아요.

트리트먼트, 린스 활용하기

흔히 머리 감고 난 뒤 머리카락에 영양분을 주거나 머릿결을 부드럽게 할 목적으로 사용하는 린스나 트리트먼트는 머리카락의 윤기와 정전기를 방지해줍니다.

린스는 본래의 의미는 '씻다', '헹구다'라는 뜻이지만 통상적으로 샴푸 후 사용하는 헤어 컨디셔너의 일종이에요. 린스는 샴푸의 결함을 보완하는 데 목적이 있어요. 샴푸 시 모발에 남아 있는 칼슘 염의 침전 같은 금속성 피망이나 알카리성 성분을 제거하여 모발결이 나빠지지 않게 하고 모발의 표면 상태를 정돈해주는 중요한 끝마무리 과정이랍니다. 또 샴푸만으로 머리를 감으면 과도한 피지제거와 음이온 계면활성제의 영향으로 모발의 성향이 (−) 이온으로 대전되어 모발끼리 서로 밀어내려는 전기적인 성격을 가지게 되는데 이런 샴푸의 음이온성계면활성제에 의해 (−)이온화된 모발을 양이온성 계면활성제인 린스를 사용함으로써 모발의 상태를 중성화해줄 수 있답니다.

린스의 기능

- 모발을 유연하게 해 빗질이 쉽도록 해준다.
- 모발에 수분이나 유성 성분을 보충하고 광택을 부여한다.
- 정전기의 발생 억제 방지 효과가 있다.
- 모발의 표면을 보호한다.
- 모발을 정돈하기 쉽고 스타일링하기 편하게 도와준다.
- 샴푸 후 제거되지 않은 음이온성계면활성제 중화해준다.

머리 잘 말리기

머리카락은 깨끗이 씻는 것도 중요하지만 샴푸를 한 후 젖은 모발을 말리는 것도 중요하답니다. 모발을 말릴 때는 두피┈▸모발┈▸모발 끝 순으로 하면 되는데, 물에 젖어 있는 머리카락을 말릴 때는 두피부터 먼저 말려야 두피에 남아 있는 물기가 모발을 타고 내려오지 않는답니다. 모발의 아랫부분은 두피 부분이 60% 정도 마르고 나서 말려주면 됩니다. 또 마른 수건으로 충분히 드라이를 해준 뒤 드라이기 등을 사용하는 게 좋으며 이때 헤어 에센스나 오일 등을 발라주면 모발 손상을 줄일 수 있답니다.

Self Care 02 올바르게 두피 관리하기

두피는 머리를 감을 때 샴푸나 트리트먼트할 때 손가락으로 간단하게 지압을 해주는 것만으로도 혈액순환과 두피 건강에 도움이 됩니다.

지압할 때는 두피 헤어라인을 따라 전체적으로 손을 감싸고 눌러주면 됩니다. 헤어라인의 중심부터 관자놀이 귀 앞까지 누르고 그 다음 정수리 뒤통수 방향으로 전체적으로 눌러주는 것이 좋아요.

이때 너무 세게 누르지 않고 전체적으로 꾹꾹 눌러주는 것이 좋습니다. 정수리 부분에는 숨구멍이 있는데 이곳은 사람의 명치와 같기 때문에 너무 세게 누르면 안 돼요.

두피에는 백회, 상성, 두유, 아문, 천주, 풍지, 완골 등 지압점이 있는데 상성···두유···백회···아문···완골···충지···천주 순으로 지압하면 된답니다.

❶ 백회
머리의 정수리에 위치하며 양쪽 귀의 윗부분을 연결하여 수직으로 머리의 중앙에서 만나는 지점

❷ 상성
이마의 중앙에 머리가 난 곳으로부터 약 1.5cm 올라간 곳

❹ 완골
귀 뒤의 불룩하게 튀어나온 뼈 뒤의 약간 오목한 곳

❺ 아문
목 뒤부위로 두 번째 목뼈 위쪽의 오목한 곳

❸ 두유
이마의 양 모서리에서 머리가 난 각진 부위에서 약 1cm 올라간 곳

❻ 풍지
뒷머리에서 목으로 연결된 사이에 생긴 우묵한 곳으로 뒷머리의 아문과 완골 중간에 위치

❼ 천주
뒷머리의 아문과 풍지 중간에 위치

머리카락은 단백질의 일종인 케라틴으로 구성되어 있는데, 머리카락이 손상됐다는 것은 케라틴의 성질이 변했기 때문이에요. 한 번 손상된 머리카락은 그 자체로는 회복능력이 없기 때문에 머리카락이 손상되지 않도록 관리하는 것이 무엇보다 중요하답니다. 사람마다 머리카락의 굵기, 영양상태 등이 다른데 이미 손상되었더라도 자신의 머리카락에 맞게 꾸준히 관리하면 좋은 결과를 얻을 수 있게 됩니다.

머리카락을 손상되지 않게 관리하는 가장 기본적인 방법은 머리를 감고 나서 수건으로 드라이를 잘 하는 것이 중요해요. 그런 다음 에센스 등 영양제를 머리카락 끝 위주로 발라주면 좋습니다. 에센스 등은 시중에 다양한 브랜드에서 출시되고 있으며 집에서 홈케어만 지속적으로 하여도 충분히 손상된 머리카락이 복원될 수 있습니다.

에센스는 성분에 따라 크게 오일 에센스, 스프레이 에센스, 크림 에센스 등 세 가지로 나눌 수 있어요.

오일 에센스는 촉촉함을 유지시켜주고 크림 에센스는 컬크림처럼 모발을 고정할 때 사용하고 스프레이 에센스는 염색모의 색을 빠져나가지 않게 할 때 사용되는 뿌리는 에센스랍니다.

에센스는 손에 한 번 정도 펌프해 모발 끝부분부터 바르고 손바닥에 남은 것은 모발 위쪽에 발라 잔머리를 정리하는 데 사용하면 됩니다.

에센스는 농도가 진한 무거운 타입과 농도가 진하지 않은 가벼운 타입이 있는데 모발의 굵기가 두껍다면 무거운 타입으로 머리를 차분하게 정리하면 좋고, 얇은 모발이라면 가벼운 에센스를 사용해 머리카락에 유분방지용으로 사용하면 좋아요.

Hair Sty
Hair Styling
Basic

단발머리 스타일링 I
BASIC

★ ★ ★

C컬 스타일

내추럴하면서 가장 자연스러운 컬로 가장 많은 사람들이 선호하는 스타일이에요.
깔끔한 인상을 심어주어서 평상시에 어렵지 않게 하고 다니기에 좋답니다.

사용도구 판매직기, 꼬리빗, 핀셋 · **적정 온도** 170~180℃

1

원하는 가르마를 타줍니다.

2

판매직기가 들어갈 수 있을 정도의 섹션 (귀 위로 3cm) 첫
단을 타줍니다.

3

모발 안쪽의 첫 단을 손으로 잡고 판매직기를 모발 뒤 방향
에 넣어주세요.

4

판매직기로 모발을 전체적으로 안쪽으로 조금씩 넣어 모발
끝을 C자 모양으로 만들어줍니다.

5

판매직기를 빼고 열이 식기 전에 손으로 안쪽으로 말아주면
서 식혀줍니다.

6

다음 단도 3~5와 동일하게 반복합니다.

7

C컬 완성.

S컬 스타일

단발머리의 가장 기본 컬인 C컬에서 조금 더 컬을 넣어 과하지 않고
깔끔하게 연출할 수 있는 스타일로 사랑스럽거나 여성스러운 느낌을 원할 때 스타일링하세요.

사용도구 볼륨매직기, 아이롱기, 꼬리빗, 핀셋 • **적정 온도** 170~180℃

1

원하는 가르마를 탄 후 머리 안쪽부터 컬을 만들 수 있게 섹션을 잡아주세요.

2

볼륨매직기가 들어갈 수 있을 정도의 섹션(귀 위로 3cm) 첫 단을 잡아주세요.

tip 볼륨매직기가 볼록 파인 곳이 위로 올라가고 볼록 튀어나온 곳이 밑으로 내려온 상태로 넣어주세요. 볼록 파인 곳이 밑으로 내려오면 자국이 날 수 있어요.

3

3에서 잡은 모발 볼륨 매직기로 집어 모발 전체 길이의 중간정도까지 C컬 모양으로 넣어주세요.

4

중간 길이까지 C컬을 넣은 모발을 잡아 S자 모양으로 뒤 방향으로 돌려 컬을 만들어주세요.

S자 모양으로 돌린 모발 끝을 바깥방향으로 빼줍니다.

tip 똑같이 앞으로 돌리면 안으로 말리며 뒤로 돌리면 뒤로 빠지는 웨이브가 생겨요.

첫 섹션에서 S컬을 확인합니다.

다시 2에서 잡아둔 섹션을 풀어 손으로 잡고 볼륨매직기로 모발 전체의 중간 길이까지 C컬을 넣어줍니다.

곧바로 S컬로 뒤 방향으로 돌려줍니다. C컬에서 S컬로 곧바로 연결될 수 있도록 S자 모양으로 모발 뒤 방향으로 돌려주세요.

볼륨매직기를 빼고 나서 모발이 식기 전에 손가락을 넣어 컬을 유지할 수 있도록 한 번 뒤로 감아 컬을 만들어주세요.

컬을 한 번 정리한 후 손가락에 모발을 감은 채로 모발을 식혀줍니다.

손가락을 컬이 만들어진 모발 끝부분까지 식히면서 빼주면 완성됩니다.

S컬 완성.

원하는 가르마를 타줍니다.

아이롱기가 들어갈 수 있을 정도의 섹션(귀 위로 3cm) 첫 단을 잡고 아이롱기를 모발 뒤 방향으로 넣어줍니다.

아이롱기를 넣은 모발을 뒤로 돌려줍니다.

아이롱기를 천천히 돌리면서 빼며 웨이브를 만들어 줍니다.

섹션 윗단도 동일하게 아이롱기를 모발 뒤 방향으로 넣어줍
니다.

3, 4에서와 동일한 방법으로 아이롱기에 모발을 감아 돌려
줍니다.

6에서 감아 돌린 모발을 바깥방향으로 빼면서 컬을 만들어
주세요.

7의 웨이브 컬을 손으로 정리한 다음 위의 방법과 동일하게
반복하면 스타일이 완성됩니다.

J컬 스타일

내추럴한 느낌의 컬로 강하지 않고 부드러운 인상을 주는 스타일이랍니다.
생머리에서 자연스럽게 컬을 만들어줘 깔끔한 이미지를 연출할 수 있어요.

사용도구 판매직기, 꼬리빗, 핀셋 · **적정 온도** 170~180℃

1

원하는 가르마를 타줍니다.

2

매직기가 들어갈 수 있을 정도로 섹션을 나눕니다.

3

안쪽 모발을 손으로 잡고 판매직기를 모발에 넣어줍니다.

4

3에서 판매직기를 모발에 대고 가볍게 안으로 넣어 컬을 완성
합니다. 모발의 전체에 동일하게 반복하면 컬이 완성됩니다.

아웃컬 스타일

아웃컬은 S컬보다 조금 더 밋밋하지만 컬이 자연스럽게 밖으로 뻗치는 스타일이에요.
자갈치 스타일로 한때 많은 사랑을 받았으며, 어떤 가르마에도 잘 어울려
일명 거지존 헤어 상태를 완벽하게 커버해 준답니다.

사용도구 판매직기, 볼륨매직기, 아이롱기, 꼬리빗, 핀셋 • **적정 온도** 170~180℃

1

판매직기가 한 번에 집을 수 있을 정도로 안쪽부터 섹션을 떠줍니다.

2

첫 단의 머리에 판매직기를 맵니다.

3

중간머리까지는 C컬로 넣은 후 끝 모발은 밖으로 빼고 손으로 컬이 유지될 수 있게 잡아줍니다.

4

머리 윗단의 섹션을 내려 판매직기를 맵니다.

5

3에서처럼 중간머리까지 C컬로 모양을 잡아줍니다.

6

모발 끝에서 밖으로 뻗치는 스타일로 판매직기를 바깥방향
으로 빼줍니다.

7

밖으로 뻗치 컬의 모양을 손으로 잡고 식히면서 컬을 완성
하면 됩니다. 전체 모발을 동일하게 반복해 스타일을 완성
합니다.

아이롱기로 아웃컬을 완성할 수 있습니다. 판매직기나 볼륨매직
기와 동일한 과정을 반복해 스타일을 완성하면 됩니다. 스타일링
기구를 다루는 것이 익숙하다면 아이롱기로 아웃컬을 만들어보세
요. 컬을 만드는 과정은 매직기와 동일하지만 약간 다른 컬감을 느
낄 수 있을 거예요.

1

볼륨매직기로 한 번에 집을 수 있을 정도로 모발의 안쪽부터 섹션을 뜹니다.

2

첫 단에서 볼륨매직기를 대고 컬을 바깥 방향으로 빼줍니다.

3

머리 윗단의 섹션을 내려 2와 동일하게 볼륨매직기를 대어 C컬로 중간 길이까지 내려주세요.

4

3의 모발 끝부분에서 밖으로 뻗치는 모양으로 볼륨매직기를 뺀 후 컬을 손으로 잡고 식히며 완성합니다.

물결 스타일

물결 모양으로 컬을 만드는 스타일로 우아하고 품위 있게 분위기를 내고 싶을 때 스타일링 하는 경우가 많아요.
히피스타일을 연출할 때도 물결의 사이즈를 작게 넣어 웨이브를 넣어주기도 해요.

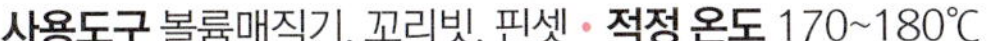

사용도구 볼륨매직기, 꼬리빗, 핀셋 · **적정 온도** 170~180℃

1

원하는 가르마를 타줍니다.

2

섹션을 뜬 후에 손으로 모발의 끝부분을 잡아 스타일링 하고
자 하는 방향으로 물결의 끝모양을 잡아줍니다. 이때 물결의
마무리를 밖으로 뺄지 안으로 넣을지 결정해야 합니다.

3

물결의 모양에 따라 볼륨매직기를 머리에 대고 바깥 방향과
안쪽 방향을 교차해서 집어줍니다.

4

볼륨매직기를 뺀 다음 손으로 완성된 컬을 잡고 열기를 식
혀줍니다.

두 번째 단을 잡고 첫 단과 비교해서 물결의 방향대로 바깥 방향과 안쪽 방향을 교차해서 넣습니다.

밖으로 뻗는 물결모양의 컬을 첫 단과 비교해 바깥 방향으로 빼줍니다.

7의 컬을 손으로 잡아 열기를 식혀 형태를 잡아줍니다.

윗단도 모발의 위쪽에서 끝부분까지 첫 단과 두 번째 단과 맞춰 C컬과 아웃컬을 교차하여 넣습니다.

완성된 물결을 손으로 잡아 식혀서 컬을 완성합니다.

모발 전체를 앞의 과정과 동일하게 반복해 스타일을 완성합니다.

작은 물결

앞머리는 헤어롤러로 감아두고 뚜껑머리부터 물결모양으로 넣어줍니다. 이때 모발의 끝부분 물결의 마무리를 밖으로 뺄지 안으로 넣을지를 결정해야 합니다.

뿌리 쪽에서 판매직기를 대로 내려오면서 C컬로 안으로 넣었다 밖으로 뺍니다.

아래 방향으로 내려오면서 다시 C컬로 안으로 넣었다 바깥 방향으로 뺍니다.

앞에서 설명한 그대로 과정을 동일하게 반복해 C컬을 안에서 밖으로, 밖에서 안으로 넣어 물결 모양의 웨이브를 완성합니다.

Hair Styling
Hair Styling
for Everyday

단발머리 스타일링 II
FOR EVERYDAY

★ ★ ★

C컬 스타일

주말동안 잘 쉬었지만 월요일이 다가올수록 계속 일요일이었으면 하고
바라게 되는 건 어쩔 수 없지요? 월요병이란 말이 괜히 나온 건 아닐 테니 말이에요.
계속 쭉 쉬고만 싶은 월요일 아침엔 가장 간단하고 쉬운 C컬 스타일 어떨까요?

CASE 1 앞머리가 있을 경우

사용도구 판매직기, 헤어롤러, 핀셋 · **적정 온도** 170~180℃

사용도구 판매직기, 핀셋 · **적정 온도** 170~180℃

1

앞머리 스타일링을 위해 헤어롤러를 감고 섹션을 뜹니다.

2

안쪽 모발을 판매직기로 중간모발부터 잡아줍니다.

3

판매직기로 모발 끝부분까지 C컬로 넣어줍니다.

4

다음 섹션도 2, 3과 동일하게 C컬로 반복합니다. 이때 안쪽으로 최대한 C컬 모양을 유지하며 컬을 넣습니다.

5

모발 윗단에 잡아둔 섹션을 풀어내려 손으로 잡아줍니다.

6

4와 동일하게 C컬로 반복하며 안으로 넣습니다.

7

뒷머리도 옆머리와 동일한 방식으로 섹션을 나누고 나서 안
쪽부터 C컬을 넣습니다.

8

뒷머리 전체를 C컬로 넣어주면 됩니다.

C+S컬 스타일

화요일부터는 예쁨주의보 발효 중.

전형적인 S컬도 아니고 C컬도 싫다면 과하지 않은 S컬과

밋밋하지 않은 C컬을 조화롭게 스타일링 해보세요.

사용도구 매직기, 아이롱기, 볼륨매직기, 헤어롤러, 핀셋 • **적정 온도** 170~180℃

CASE 2 앞머리가 없을 경우

사용도구 판매직기, 아이롱기(30mm), 핀셋 • **적정 온도** 170~180℃

섹션을 나누어 잡고 핀셋으로 모발을 분리합니다. 앞머리가 있다면 헤어롤러로 감아두세요.

첫 단 섹션을 잡고 판매직기로 모발은 안으로 넣어줍니다.

2에서 판매직기 자국이 남지 않게 자연스럽게 C컬로 넣어줍니다.

3과 동일하게 전체 모발을 C컬로 컬을 넣습니다.

모발 전체에 C컬을 넣었다면 정수리부터 관자놀이까지 섹션을 뜬 후에 아이롱기로 잡아 모발 끝까지 감아주세요.

감았던 아이롱기를 빼면서 웨이브를 넣습니다.

모발의 끝까지 아이롱기로 웨이브를 넣으면 웨이브컬을 완성합니다.

반대편 옆머리 앞쪽을 섹션을 잡아 아이롱기를 대고 5~7의 동작과 동일하게 뒤 방향으로 웨이브를 넣습니다.

9

모발의 위에서부터 아이롱기를 감아줍니다.

10

아이롱기에 감은 모발을 돌려 빼며 웨이브를 넣습니다.

11

아이롱기를 빼고 손으로 웨이브를 정리해주면 C+S컬이 완성됩니다.

아이롱기가 없다면 볼륨매직기만으로도 C+S컬을 완성할 수 있답니다. 방법은 아이롱기와 같아요. 볼륨매직기를 사용하면 판매직기를 따로 사용하지 않고 컬을 만들 수 있습니다.

1

2

3

4

J컬 스타일

수요일에는 차분하면서도 단아하게 C컬보다 자연스럽고

세련된 분위기를 연출하고 싶다면 깔끔하게 J컬로 스타일링 해보세요.

사용도구 판매직기, 헤어롤러 · **적정 온도** 170~180℃

사용도구 판매직기 · **적정 온도** 170~180℃

앞머리 스타일링을 위해 헤어롤러를 감고 섹션을 뜹니다.

모발 안쪽부터 판매직기를 대고 자연스럽게 C컬처럼 강하지 않게 펴주듯이 컬을 넣습니다.

섹션을 풀고 윗단의 모발을 잡고 판매직기에 넣어주세요.

2와 동일한 방법으로 반복하면서 모발을 판매직기로 펴듯이 안으로 가볍게 컬을 넣습니다.

5

6

모발 전체를 판매직기로 피듯이 내려주며 강하지 않게 컬을 넣습니다.

tip C컬과 J컬은 컬의 모양이 비슷하지만 좀 더 자연스러움을 강조하면 J컬, C모양으로 강하게 컬감이 있다면 C컬이에요.

모발 전체에 J컬을 완성합니다.

아웃컬 스타일

일주일의 절반이 지난 목요일에는 일상의 피로감이 누적되어 기분이 다운될 수 있지요.
단정하면서도 발랄한 느낌을 줄 수 있는 아웃컬로 스타일링해 보는 건 어떠세요?

사용도구 판매직기, 헤어롤러, 핀셋 • **적정 온도** 170~180℃

1

섹션을 나누어 잡고 핀셋으로 모발을 분리합니다. 앞머리가 있다면 헤어롤러로 감아두세요.

2

섹션을 뜬 상태에서 안쪽의 모발에 판매직기를 대고 내려줍니다.

3

C컬로 넣다가 모발 끝부분을 밖으로 빼줍니다. 섹션 잡은 모발의 중간 길이까지 C컬을 넣습니다.

4

중간 길이까지 C컬을 넣은 모발의 끝부분을 밖으로 빼줍니다.

5

끝모발의 컬이 바깥쪽으로 뻗는 각도를 생각하며 아웃컬을 만들어주세요.

6

섹션을 풀고 윗단 모발도 2-5처럼 C컬을 유지하며 판매직 기를 내려 C컬을 넣습니다.

7

모발의 끝 부분을 잡고 판매직기를 바깥방향으로 밀면서 빼 줍니다. 이 동작을 계속 반복하여 모발 전체에 넣어 스타일 을 완성합니다.

웨이브 스타일

금요일, 일상의 끝, 주말이 시작됐어요. 전혀 새로운 기분으로 섹시함과 귀여움,

그리고 청순함을 돋보일 수 있는 웨이브야말로 불금에 대한 예의 아닐 까요.

CASE 1 앞머리가 있을 경우

사용도구 아이롱기, 헤어롤러, 핀셋 • **적정 온도** 170~180℃

사용도구 아이롱기, 핀셋 • **적정 온도** 170~180℃

 앞머리 3:7가르마인 경우

사용도구 아이롱기, 핀셋 • **적정 온도** 170~180℃

1

가르마를 정한 다음 C+S컬로 모발 전체에 컬을 넣어주세요.
앞머리가 있다면 헤어롤러로 감아주세요.

2

뚜껑머리(모발 위쪽)부터 아이롱기에 모발을 감은 다음 웨
이브를 뒤 방향으로 넣어주세요.

3

넣은 웨이브를 끝까지 넣고 빼주세요.

4

손으로 웨이브 넣은 모발을 들어 올려 열기를 식혀주세요.

웨이브가 잘 됐는지 확인하고 전체 모발에 강하게 웨이브를
넣어주세요.

반대편도 아이롱기를 모발 뒤 방향으로 뚜껑머리부터 돌려
서 감아주세요.

모발 끝까지 웨이브를 넣으면서 아이롱기를 빼주세요.

뒷머리도 앞에서와 동일하게 아이롱기를 감아 웨이브를 넣
어 완성합니다.

물결웨이브 스타일

단발머리로 펌 느낌을 내고 싶다고요? 하지만 펌을 잘못했다가 돈도 스타일도 망하지 않을까 고민된다면
물결웨이브로 간단히 해결하세요. 한 듯 안 한 듯 자연스런 웨이브로 색다른 스타일에 도전할 수 있을 거예요.
물결웨이브는 컬을 밖으로 뺄지 안으로 넣을지에 따라 스타일이 달라진답니다.

사용도구 판매직기, 헤어롤러, 핀셋 • **적정 온도** 170~180℃

 # 아웃물결 웨이브인 경우

사용도구 판매직기, 헤어롤러, 핀셋 · **적정 온도** 170~180℃

tip 굵은물결과 아웃물결은 모발 끝부분을 안으로 감아 넣을지 바깥 방향으로 뺄지 모발 위쪽에서 시작할 때 결정해서 컬을 넣으면 됩니다.

1

앞머리는 헤어롤러를 감고 섹션을 나눠주세요.

2

판매직기를 뿌리 쪽부터 대고 처음 시작하는 머리 위쪽의 단을 안쪽으로 C컬을 넣어주세요.

3

2에서 C컬을 넣다가 중간 길이 정도에서 모발을 안으로 넣어주세요. 이때 아웃컬로 컬을 넣고 싶다면 끝모발을 바깥으로 빼주세요.

4

3에서 판매직기를 대고 끝 모발 쪽으로 내리면서 안으로 넣은 모발을 다시 바깥 방향으로 넣었다가 안으로 넣으며 매직기를 빼고 열기를 식히며 손으로 컬 모양을 유지해주세요.

5

섹션을 풀어 윗단도 2-4의 과정을 동일하게 반복하며 컬을
넣어주세요.

6

안쪽에 넣은 웨이브컬과 바깥쪽 웨이브컬의 위치가 맞는지
확인해주세요.

7

모발 전체에 위의 과정을 반복하며 컬을 넣어주세요.

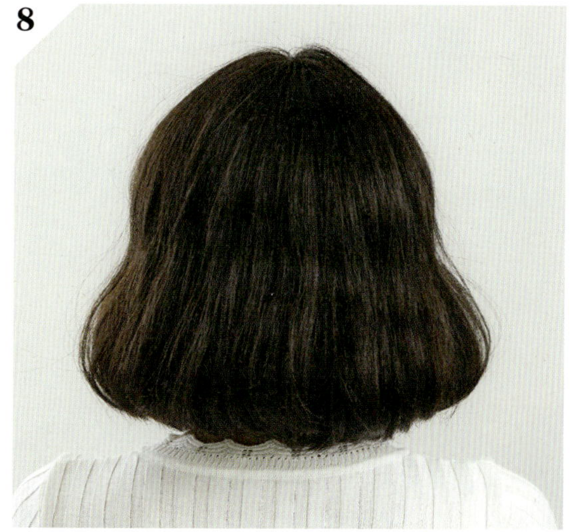

8

뒷머리까지 웨이브 컬을 모두 완성하면 됩니다.

tip 웨이브를 넣을 때 머리 안쪽 단과 바깥쪽 단의 웨이브 굴곡면을 똑같이
맞춰주세요.

히피 스타일

가끔 기분전환도 할 겸 자유분방함을 마음껏 느끼고 싶을 땐

히피스타일로 상큼 발랄하게 변화를 주세요.

어디론가 훌쩍 떠나고 싶어질지도 몰라요.

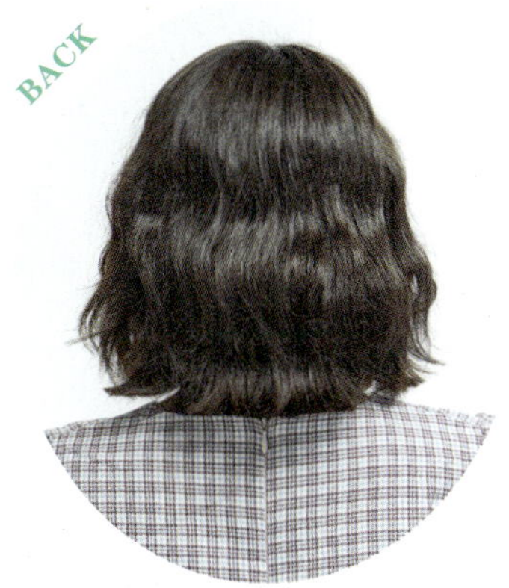

사용도구 볼륨매직기, 꼬리빗 · **적정 온도** 170~180℃

1

앞머리를 빗으로 정리해 가지런하게 합니다.

2

앞머리를 4등분해 한 가닥씩 볼륨매직기를 대고 돌려 감아 웨이브를 넣어줍니다.

3

4등분한 앞머리에 웨이브를 넣은 후 웨이브 컬을 손으로 잡아 마무리해주세요.

4

옆머리는 윗단부터 적당한 양으로 집어 볼륨매직기를 넣어주세요.

5

볼륨매직기를 돌려 감아 웨이브를 만들어 주세요.

6

위에서 아래 방향으로 웨이브를 만들어주면서 잘 넣어졌는지 확인하며 웨이브 컬을 완성해주세요.

7

첫 번째 섹션 완료 후 두 번째 섹션도 동일한 방법으로 웨이브 컬을 만들어주세요.

8

뒷머리도 옆머리와 동일한 방법으로 반복하며 웨이브를 넣어 스타일을 완성합니다.

CASE 2 히피 웨이브 묶음인 경우

사용도구 볼륨매직기, 꼬리빗, 고무줄 · **적정 온도** 170~180℃

1

모발 전체에 히피 스타일로 웨이브를 넣어주세요.

2

양옆에 애교머리를 남긴 후 양손으로 모발 전체를 잡아주세요. 머리카락이 튀어나온 곳은 없는지 잘 정리해주세요.

tip 애교머리는 고개를 약간 숙인 상태로 모발을 묶어주면서 자연스럽게 앞머리 양옆의 모발이 흘러내리게 하면 돼요.

3

준비한 고무줄로 머리를 묶어주세요. 뒷통수가 납작하게 보이지 않도록 고무줄로 묶인 윗부분에 손가락을 넣어 볼륨감을 주기 위해 모발을 약간씩 빼주세요.

tip 고무줄은 취향에 따라 준비해주세요.

4

애교머리 부분의 잔머리를 귀 뒤로 넘기며 스타일을 완성합니다.

사용도구 볼륨매직기, 꼬리빗, 고무줄 • **적정 온도** 170~180℃

1

모발 전체에 히피 스타일로 웨이브를 넣어주세요.

2

모발 양옆에서 묶을 만큼 손으로 잡아 묶을 위치를 정해줍
니다.

3

묶을 머리 부분에 튀어나온 머리카락이 없는지 확인하고 손
으로 다시 한번 쓸어주세요.

4

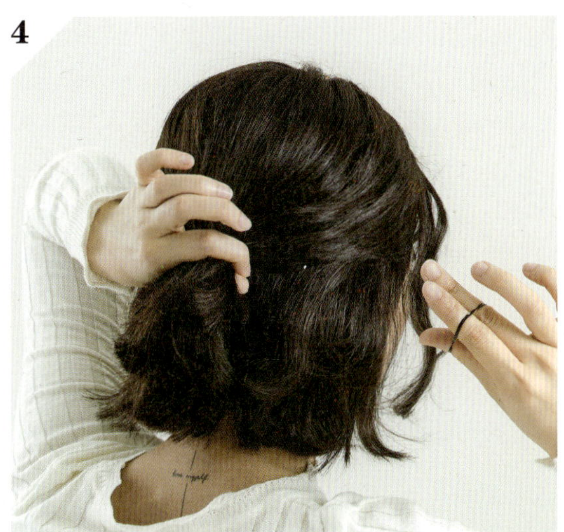

준비한 고무줄로 묶어주세요.

5

묶은 머리를 양손으로 잡아 꽉 조여주세요.

6

뒤통수가 납작해보이지 않도록 고무줄 위쪽에 손가락을 집어 넣어 볼륨감을 넣어주세요.

7

묶은 부분을 중심으로 애교머리와 뒷머리를 정리해 스타일을 완성합니다.

Self Hair Styling

Self Styling
01 시스루뱅 스타일 앞머리 스타일링

시스루뱅 만들기

1

원하는 숱을 정한 후 작은 삼각형 섹션을 뜨고 원하는 길이만큼 자릅니다.

tip 앞머리의 길이는 보통 눈썹 아래를 기준으로 하면 예쁜 길이감으로 스타일링 할 수 있어요.

2

1에서 생긴 앞머리에서 가운데 앞머리만 눈과 코선 사이 길이로 맞춰 아주 조금 자른 후 양옆 앞머리도 연결해서 자릅니다.

3

2를 마무리한 후 앞머리를 드라이해 길이를 확인한 후 완성하면 됩니다. 완성된 앞머리의 길이가 길면 조금씩 더 자르면서 원하는 길이로 맞춰주세요.

tip 앞머리를 가위로 자를 때 가위는 세워서 잘라 주세요.

시스루뱅 스타일링_뱅스타일

1

앞머리를 헤어롤러로 감아 이마 가운데에 위치시키고 고정해둡니다.

2

모발 끝까지 감은 헤어롤러를 이마 가운데에 위치시키고 고정시킵니다.

3

헤어롤러를 5~10분 정도 자연방치하면 됩니다.

시스루뱅 숨기기

1

숨기고 싶은 시스루뱅 앞머리를 빗으로 빗어 앞머리 길이를 확인하고 머릿결을 정리합니다.

2

원하는 가르마를 탄 후 빗질을 하면서 가르마 양옆으로 앞머리를 모발에 숨기며 정돈해줍니다.

3

양옆으로 숨긴 앞머리를 드라이기로 고정한 뒤 손가락으로 귀 뒤로 넘기고 앞머리가 바깥방향으로 삐져나오지 않게 빗으로 정돈하면 됩니다.

tip 앞머리 숱에 따라 앞머리가 숨겨지지 않을 수도 있어요. 모발에 따라 다르니 참고해서 스타일링해주세요.

5:5로 앞머리 스타일링 하기

1

헤어롤러 2개를 준비해 앞머리를 5:5로 나눈 후 양면의 앞머리에 감아줍니다.

2

양쪽 앞머리에 헤어롤러를 감은 후 5~10분 정도 방치합니다.

3

5:5 앞머리 스타일이 완성됩니다.

Hair Styling
for Special Day

단발머리 스타일링 II
FOR SPECIAL DAY

★ ★ ★

my·

단발똥머리 스타일

대충 묶은 것 같지만 스타일이 살아 있는 헤어스타일을 원한다면 똥머리 스타일만 한 게 없지요.

단발머리라 못할 것 같다는 생각은 버리세요.

충분히 옆머리, 뒷머리 볼륨감 풍부한 자연스런 스타일이 가능하답니다.

사용도구 판매직기, 고무줄, 실핀 • **적정 온도** 170~180℃

1

먼저 모발에 웨이브를 최대한 많이 넣은 다음, 웨이브된 모발의 반을 잡고 똥의 위치를 정합니다.

2

똥 모양을 정한 위치에서 머리카락이 튀어나오지 않게 잘 쓸어줍니다.

3

준비한 고무줄로 반묶음으로 모발을 묶어줍니다.

4

머리를 묶은 후에 묶인 머리를 반으로 나눠 잡고 한번 꽉 조입니다.

아랫부분에 남은 모발을 위의 묶은머리과 함께 한 번 더 묶습니다.

5에서 머리 뒤쪽에 튀어나오는 머리카락들을 실핀으로 정리합니다.

4와 5의 하나로 묶인 머리를 반으로 나눠 잡고 다시 한번 꽉 조입니다.

하나로 묶인 머리를 한 방향으로 돌려줍니다.

동그랗게 똥을 만들어 준 후에 풀리지 않게 고무줄로 감아
정리를 합니다.

실핀으로 똥머리 주변을 다시 한번 더 튀어나오지 않게 정
리합니다.

똥머리 마무리 후 머리 뒤쪽에 튀어나오는 모발을 실핀으로
정리해주세요.

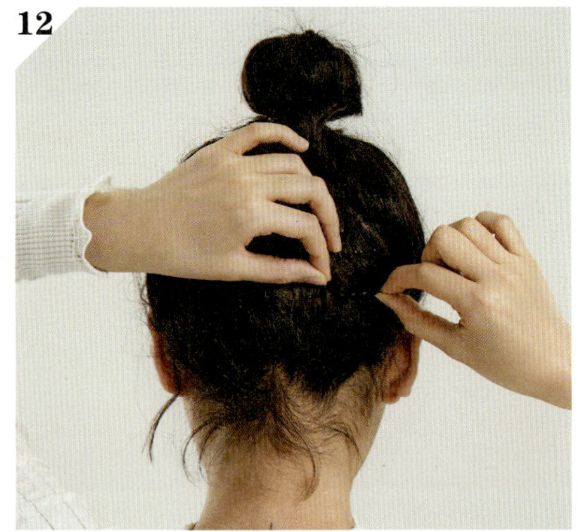

실핀으로 뒷머리 부분을 마무리한 후 스프레이 뿌려 모발을
고정시키면 스타일이 완성됩니다.

Self Hair Styling

my.o
.my.o.

도깨비머리 스타일

야외활동이 많아지면 아침에 애써 만든 스타일이 망가져버리기 십상이죠.

이럴 땐 도깨비머리로 간단하게 해결해보세요. 여자 아이뿐만 아니라

누구에게나 어울리는 귀엽고 사랑스러운 스타일이랍니다.

사용도구 판매직기, 고무줄 • **적정 온도** 170~180℃

1

먼저 모발 전체에 웨이브를 넣어 세팅을 한 후, 5:5 가르마
를 타고 나서 땋을 모발을 가르마 양쪽으로 잡아 고무줄로
묶어주세요.

2

1의 묶은 모발을 세 갈래로 나누어줍니다.

3

세 갈래로 나눈 머리를 머리 땋기 방법으로 교차시킵니다.

4

모발의 끝부분까지 땋아줍니다.

5

땋은 머리를 집게손가락을 축으로 돌돌 말아줍니다.

6

집게손가락을 끼운 모발을 꺽은 후 모발 끝까지 돌려 말아
도깨비뿔을 만들어주세요.

7

땋은 머리를 감아 만든 도깨비뿔에서 머리카락이 튀어나온
부분이 있는지 모양을 확인합니다.

8

7의 도깨비뿔을 고무줄로 묶어 완성합니다.

반대편도 동일하게 1-8과정을 반복해 양쪽에 도깨비뿔을 만들어주세요.

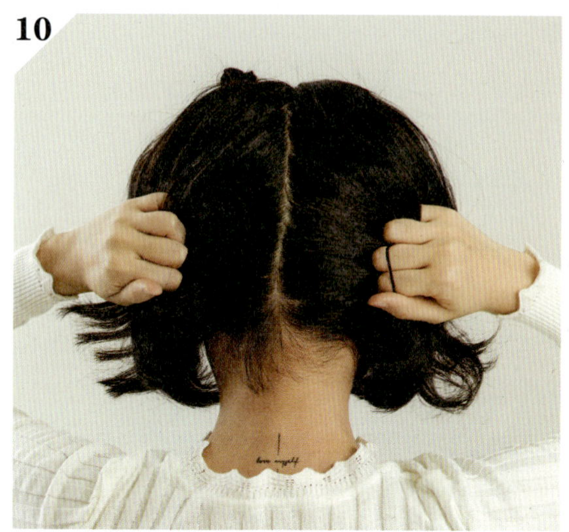

뒷머리는 양갈래로 나눠줍니다.

양갈래로 나눠 잡은 모발을 고무줄로 한쪽씩 아래 방향으로 묶어줍니다.

양쪽 다 묶으면 스타일이 완성됩니다.

Self Hair Styling

MARKET
DONE
SEOUL
Well done
SINCE 2014

반다나 스타일

요즘 어디서든 쉽게 구할 수 있는 반다나로 스타일링하는 방법을 알아볼게요.
가볍게 넣은 컬로 밋밋한 단발머리를 커버하고
거기에 반다나를 매칭하면 한층 더 발랄함을 돋보이게 해줄 거예요.

☎ : +82 2 512 3X33
ARE MARKE
WELL DONE'S
SIDE
SEOUL
Well don

단발머리인 경우

사용도구 판매직기, 볼륨매직기, 반다나, 핀셋 • **적정 온도** 170~180℃

tip 모발 전체에 원하는 스타일링에 따른 도구를 준비하세요.

☎ : +82 2 512 3X3
ARE MARK
WELLDONE'S
SIDE
SEOUL

사용도구 판매직기, 볼륨매직기, 반다나, 고무줄, 핀셋 • **적정 온도** 170~180℃

1

모발 전체에 원하는 스타일링을 해주세요. 스타일링이 끝나면 반다나를 목에 걸쳐줍니다.

2

반다나의 양 쪽 길이를 동일하게 맞추고 귀 뒤로 넘겨 머리 위쪽으로 올립니다.

3

이마 정 가운데를 기준으로 머리 위에서 반다나를 묶어줍니다.

4

묶은 반다나의 모양을 정리해줍니다.

5

반다나의 끈이 토끼 귀처럼 서지 않도록 잘 눕혀줍니다.

6

뒷머리를 정리해 스타일을 완성합니다.

반다나 묶음 머리

1

반다나로 스타일링한 후 모발 전체를 하나로 모아줍니다.

2

하나로 모은 모발을 아래쪽으로 내려서 묶은 후 묶은 모발을 양손으로 잡아 조여줍니다.

3

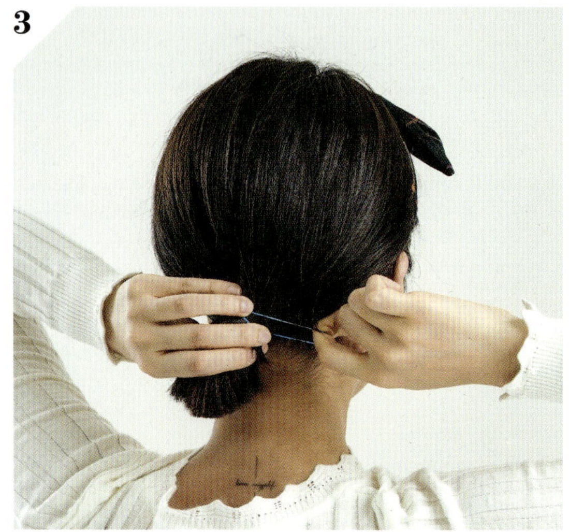

잔머리가 튀어나오지 않도록 묶은 부분을 중심으로 잘 정리해줍니다.

4

뒤통수가 납작해 보이지 않도록 뒷통수 볼륨을 살려줍니다.

Self Hair Styling

my·o·
my·o·

반똥머리 스타일

늦잠 잔날 바쁜 아침시간, 밤새 눌려버린 머리를 어떤 스타일로 커버해야 할지 고민된다면
반똥머리 스타일을 추천합니다. 쉽고 빠르게 할 수 있고
어떤 스타일에도 어울리는 마법의 스타일링이랍니다.

사용도구 볼륨매직기, 고무줄 · **적정 온도** 170~180℃

tip 모발 전체에 히피 스타일로 스타일링 하려면 볼륨매직기를 사용하세요.

 앞머리가 없을 경우

사용도구 볼륨매직기, 고무줄 · **적정 온도** 170~180℃

1

히피 스타일로 웨이브 컬을 넣습니다.

2

웨이브가 완성된 모발을 양손으로 반묶음 양을 잡아줍니다.

3

머리를 묶을 위치를 정합니다.

4

한 손으로 잡은 모발을 묶기 전에 애교머리로 적당량의 구레나룻을 살짝 빼고 머릿결을 정돈한 후 고무줄로 묶어주세요.

묶은 머리를 양손으로 나눠 잡고 다시 한번 꽉 묶어줍니다.

묶인 머리를 돌리면서 똥을 만들어줍니다.

8에서 마무리한 똥을 고무줄로 묶어 모양을 고정합니다.

똥이 마무리되면 잔머리가 튀어나오지 않게 실핀으로 한 번
더 고정시킵니다.

9

전체적으로 튀어나온 부분이 없는지 머릿결을 정돈해주세요.

10

4에서 적당량 빼 놓은 애교머리를 잡고 볼륨매직기를 넣어주세요.

11

애교머리에 S컬로 웨이브를 넣어 스타일링 해주세요.

12

앞에서 봤을 때 보이는 뒷머리 부분까지 볼륨매직기로 컬을 넣어 스타일을 완성합니다.

Self Hair Styling

벼머리 스타일

어정쩡한 길이의 앞머리가 오늘따라 속 썩인다면 벼머리 스타일에 도전해보세요.

드러낸 이마가 촌스럽지 않게 웨이브컬과 어울려

귀여움이 한층 더 업그레이드 된 답니다.

사용도구 판매직기, 꼬리빗, 고무줄 **· 적정 온도** 170~180℃

모발 전체에 웨이브를 넣고 원하는 가르마를 탄 후 많을 머리 부분의 섹션을 잡아 세 갈래로 나눕니다.

세 갈래로 나눈 모발을 아랫부분의 모발과 함께 잡고 교차하며 디스코땋기로 모발을 땋습니다.

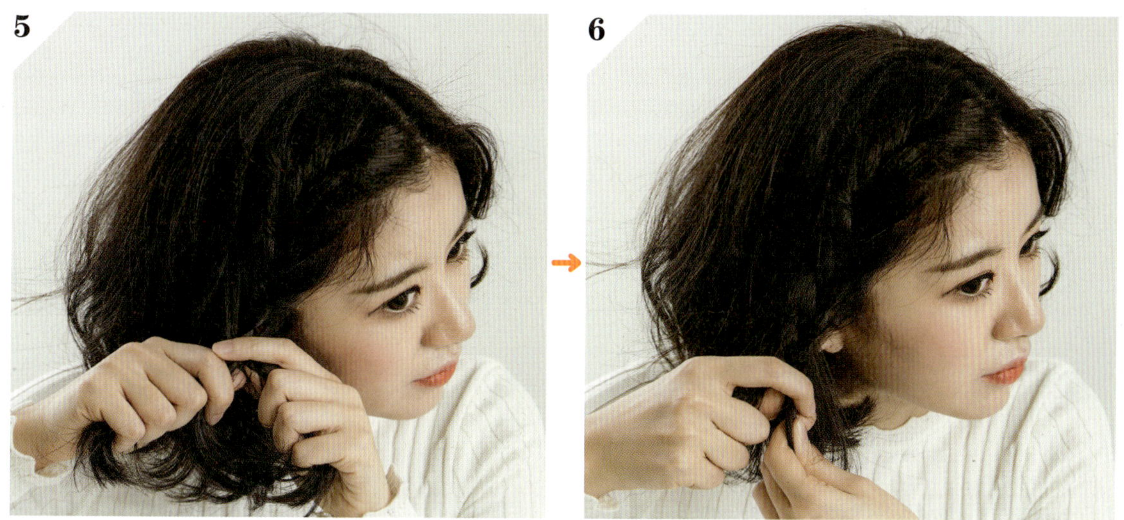

디스코땋기를 하면서 튀어나오는 머리카락이 없는지 살피며 모발의 거의 끝부분까지 땋아주세요.

땋아 내린 머리와 밑머리를 같이 잡아 묶어줍니다.

땋은 머리를 고무줄로 묶은 후 웨이브 컬을 정리해 스타일
을 완성합니다.

DO YOU
LOVE MYLO?

삐삐머리 스타일

자유로운 영혼, 히피스타일에 여성스러움을 더하고 싶다면 머리 양쪽으로 머리를 땋아 내려보세요.
단발머리라서 가능한 사랑스러운 모습을 연출할 수 있을 거예요.

사용도구 볼륨매직기, 고무줄 · **적정 온도** 170~180℃

1

원하는 가르마를 타고 도깨비머리와 동일한 방법으로 묶을
머리 부분의 섹션을 잡아줍니다.

2

잡은 섹션 부분의 모발을 한 번 묶어줍니다.

3

2의 묶은 머리를 세 갈래로 나눠 잡습니다.

4

세 갈래로 나눈 모발을 잡고 땋아주세요.

5

머리를 땋아 내려오면서 삐져나오는 잔머리들을 잘 정리하며 땋아주세요.

6

모발의 거의 끝부분까지 땋아주세요.

7

땋은 머리를 고무줄로 묶어주세요. 반대쪽도 동일하게 땋아 완성해주세요.

언밸런스 스타일

단발머리 가장 기본 컬인 C컬은 단정해보이긴 하지만 자칫 좀 지루할 수 있는 스타일이에요.
여기에 한쪽에만 S컬을 넣어주면 색다른 스타일로 변신한답니다.

사용도구 판매직기, 핀셋 • **적정 온도** 170~180℃

3:7 가르마를 탄 후 섹션을 잡아줍니다.

머리숱이 적은 쪽의 모발 부분에 판매직기를 대고 C컬을 넣습니다.

끝 모발에 C컬을 강하게 안으로 넣습니다.

머리숱이 많은 모발 부분에 섹션을 잡습니다.

맨 안쪽 중간 부분, 가르마 경계가 있는 윗 부분 모발까지 각각의 섹션별로 C컬을 강하게 넣어주세요.

구레나룻 부분의 모발을 적당량 손으로 쥐어 잡아주세요.

손으로 잡은 모발에 판매직기로 중간 길이까지 C컬을 넣은 후 끝 모발은 아웃컬을 넣어 마무리해주세요.

손으로 잡아 컬에 뜸을 준 다음 식힙니다. 아웃컬을 손으로 잡아 모양을 잡으며 뜸을 준 후 열기를 식혀주세요.

앞쪽라인에 윗머리를 뒤 방향으로 웨이브를 넣어줍니다.

끝모발까지 웨이브를 넣은 후 열기를 식힙니다.

마지막 아웃컬로 빠진 모발을 한 번 더 손으로 잡아 컬을 마무리합니다.

Self Hair Styling

DON'T TRY
TO DO BETTER

반묶음 스타일

단발머리는 머리를 묶어주는 것만으로도 분위기가 완전히 달라 보이지요.

머리를 묶을 때 묶는 위치에 따라서도 달라 보이는데 높이 묶을수록 귀여우면서 발랄해 보이고

낮게 묶을수록 여성스럽고 청순한 스타일을 선보일 수 있답니다.

사용도구 판매직기, 고무줄, 리본 • **적정 온도** 170~180℃

사용도구 판매직기, 고무줄 · **적정 온도** 170~180℃

1

C컬로 모발 전체에 스타일링을 한 후 양손으로 귀 위로 3cm 정도 올라온 위치에 모발을 잡아줍니다.

tip 앞머리는 헤어롤러로 감고 있거나 판매직기로 스타일링하면 됩니다.

2

반묶음 할 모발의 양을 손으로 잡은 후 고무줄로 묶어주세요.

tip 이때 묶을 위치를 위로 묶을지 아래로 묶을지 결정하고 스타일을 완성해주세요.

3

양손으로 묶은 부분을 나눠 잡고 한 번 더 꽉 묶습니다.

4

묶은 후 뒤통수가 납작해 보이지 않게 고무줄 위쪽으로 손가락을 넣어 조금씩 빼줍니다.

tip 고무줄 위로 리본 등을 활용해 원하는 반묶음 스타일을 완성할 수 있어요.

Self Hair Styling

실핀 스타일

오랜만에 놀이공원 가서 즐기고 싶은데 평범한 단발머리라 지루하다면
실핀 몇 개로 스타일을 바꿔보세요. 신데렐라는 유리구두로 공주가 되었듯, 지루한 단발머리는
실핀으로 스타일에 상관없이 오늘 하루 말괄량이로 지낼 수 있는 마법이 펼쳐진답니다.

KIRSH

 ## C컬 실핀 스타일

사용도구 판매직기, 실핀 · **적정 온도** 170~180℃

CASE 2 웨이브 실핀 스타일

사용도구 판매직기, 실핀 · **적정 온도** 170~180℃

1

모발 전체에 C컬을 넣은 후 5:5 가르마를 탄 후 색깔별로 실핀을 일자로 꽂습니다.

2

1의 실핀 위에 X자 형태로 교차하여 다른 색의 실핀을 꽂습니다.

3

머릿결을 정돈해 스타일을 완성합니다.

tip 모발에 어떤 컬이 적용되어 있어도 동일한 방법으로 실핀을 꽂아 스타일링해보세요. 컬마다 전혀 다른 느낌이 들 거예요.

모발 전체에 웨이브를 넣고 동일한 과정을 반복하면 또 다른 느낌의 스타일링이 완성됩니다.

KIRSH
Self Hair Styling

돌잔치 헤어스타일

돌잔치는 내 아이의 첫돌을 기념하는 자리인 만큼 미니드레스나 여성스러운 원피스를 입고

많은 사람들에게 선보이는 자리이지요. 단정하지만 심심하지 않게

머리를 묶고 앞머리를 자연스럽게 흘러내리는 것처럼 스타일링 해보세요.

사용도구 판매직기, 아이롱기, 고무줄 • **적정 온도** 170~180℃

1

모발 전체를 C컬로 스타일링한 후 옆머리 라인에 빼낼 애교머리의 섹션을 나눈 후 아이롱기(26mm)를 뒤 방향으로 감아 말아주세요.

2

아이롱기를 뺀 모발에 뜸을 준 다음 식힙니다.

3

아웃컬로 애교머리가 밖으로 뻗칠 수 있게 한 번 더 아이롱기를 감아 열을 더해줍니다.

4

3에서 아이롱기를 빼고 마무리한 컬을 손으로 잡아 뜸을 준 다음 식힙니다.

tip 손으로 잡아주면 컬을 좀 더 예쁘게 마무리 할 수 있어요.

컬을 완성한 애교머리를 제외하고 전체 모발을 귀 뒤로 넘깁니다.

5에서 넘긴 모발을 뒤쪽으로 고무줄을 이용해 한 묶음으로 묶습니다.

한 묶음으로 묶은 모발 주변의 잔머리를 정리합니다.

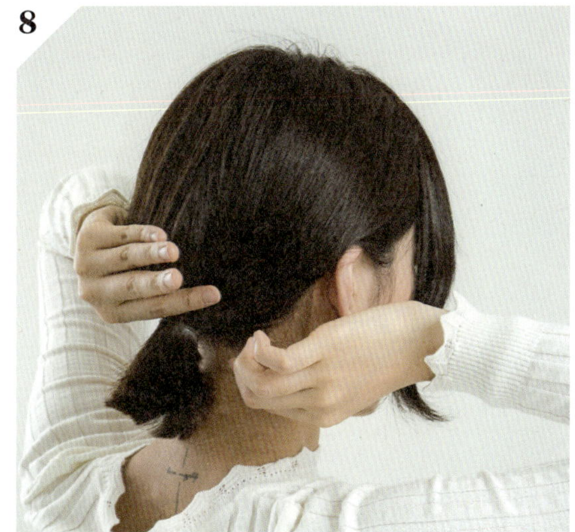

뒤통수의 볼륨을 위해 뒷머리를 조금씩 잡고 빼면 스타일이 완성됩니다.

면접 헤어스타일

긴장되고 떨리는 면접장. 첫인상이 중요하다는 건 누구나 아는 사실이죠.

긴 단발이든 짧은 단발이든 깔끔하게 연출하는 묶음 스타일을 알려드릴게요.

사용도구 판매직기, 고무줄 · **적정 온도** 170~180℃

1

모발 전체에 C컬로 스타일링한 후 3:7 가르마를 타고 모발을 가지런하게 정리합니다.

tip 면접 등 단정한 모습을 선보여야 할 때는 3:7 가르마가 정석이에요.

2

방향으로 아래쪽으로 해 잔머리 없게 하나로 모은 후 고무줄로 묶어주세요.

3

묶은 머리를 양쪽 손으로 잡아 꽉 조이고 잔머리를 다시 한 번 정리합니다.

4

뒤통수가 납작해 보이지 않게 고무줄로 묶인 부분 바로 위쪽으로 모발을 살짝 뺍니다.

tip 스프레이를 뿌려 고정해주면 머리 모양 유지에 도움이 됩니다.

Self Hair Styling

12

셀프웨딩 화관 헤어스타일

스몰웨딩이 인기인 요즘 단발머리로 면사포 쓰기가 쉽지 않다고요?

오히려 단발머리니까 더 예쁜 스타일이 여기 있습니다.

화관으로 스타일링하고 가장 행복한 신부가 되어보세요.

사용도구 판매직기, 화관, 고무줄 • **적정 온도** 170~180℃

1

모발 전체에 C컬로 스타일링한 후 반묶음 할 만큼의 모발을 손으로 잡아줍니다.

2

묶을 모발이 튀어나온 곳은 없는지 머릿결을 정돈한 후 고무줄로 묶어주세요.

3

뒤통수가 납작해보이지 않게 손으로 고무줄 윗부분을 조금씩 빼줍니다.

4

화관을 쓰고 앞머리, 옆머리 라인을 정리해 스타일링을 완성해주세요.

Self Styling
02 단발 펌 스타일링

판매직기, 볼륨매직기, 아이롱기 등 열을 이용한 고데기로 매일매일 다른 스타일을 연출하기에 좋지만 늘 바쁜 아침시간에 헤어스타일은 연출하기란 쉽지 않죠. 그래서 손쉽게 빠르고 간편하게 스타일은 연출할 수 있는 펌 시술을 하기도 하지요.
단발머리 펌의 대표적 스타일 몇 가지를 소개해볼게요.

C컬펌
머리를 감고 털어 말리기만 해도 예쁘게 스타일이 잡혀 있는 형태로 따로 손질하지 않아도 드라이를 넣은 것처럼 머리카락 뻗침이 없어 직장 여성들이 선호하는 펌이에요.

웨이브펌
머리카락이 가늘거나 숱이 없어서 볼륨이 없는 분들이 많이 하는 펌이에요. 웨이브를 많이 넣어서 생기있고 어려보이는 효과를 줍니다. 묶는 머리스타일을 선호하는 분들에게 추천하는 스타일 중의 하나예요.

S컬펌
앞에서 봤을 때 모발 양옆 앞쪽이 조금 뻗치는 스타일로 한때 고준희 단발로 유명했던 펌이에요. C컬보다 웨이브 느낌을 좀 더 살리고 싶을 때 많이 하는 펌이에요.

히피펌
설리펌이라고 불리는 히피펌은 부스스함이 매력적인 펌으로 펑키한 스타일링을 연출할 수 있어요.

단발머리 대통령 묘정의 헤어스타일링 칩

단발머리 대통령 묘정의

셀프 헤어 스타일링

초판 1쇄 발행 2018년 5월 1일
초판 3쇄 발행 2018년 6월 1일

지은이 김묘정
펴낸이 김영조
콘텐츠기획팀 홍지은, 신수연
마케팅팀 이유섭, 배태욱
경영지원팀 정은진
외부스태프 디자인 ALL designgroup
　　　　　사진촬영 이과용(15 스튜디오)
　　　　　메이크업 이광현(인스타그램 @makeup_gh)
　　　　　의상 변혜림
　　　　　헤어 어시스트 정재규, 이동진, 김민주, 김예서, 최혜인
펴낸곳 싸이프레스
주소 서울시 마포구 양화로7길 4-13(서교동, 392-31) 302호
전화 02-335-0385/0399
팩스 02-335-0397
이메일 cypressbook1@naver.com
홈페이지 www.cypressbook.co.kr
블로그 blog.naver.com/cypressbook1
포스트 post.naver.com/cypressbook1
페이스북 www.facebook.com/cypressbook
인스타그램 @cypress_book
출판등록 2009년 11월 3일 제2010-000105호

ISBN 979-11-6032-042-8 13590

이 도서의 국립중앙도서관 출판예정도서목록(CIP)은 서지정보유통지원시스템 홈페이지(http://seoji.nl.go.kr)와 국가자료공동목록시스템(http://www.nl.go.kr/kolisnet)에서 이용하실 수 있습니다. (CIP제어번호: CIP2018011149)